Fajr Noor ul ain

Liderança ética na era dos avanços tecnológicos

Fajr Noor ul ain

Liderança ética na era dos avanços tecnológicos

Navegar pelos dilemas morais e criar confiança

ScienciaScripts

Imprint

Any brand names and product names mentioned in this book are subject to trademark, brand or patent protection and are trademarks or registered trademarks of their respective holders. The use of brand names, product names, common names, trade names, product descriptions etc. even without a particular marking in this work is in no way to be construed to mean that such names may be regarded as unrestricted in respect of trademark and brand protection legislation and could thus be used by anyone.

Cover image: www.ingimage.com

This book is a translation from the original published under ISBN 978-620-7-48705-9.

Publisher:
Sciencia Scripts
is a trademark of
Dodo Books Indian Ocean Ltd. and OmniScriptum S.R.L publishing group

120 High Road, East Finchley, London, N2 9ED, United Kingdom
Str. Armeneasca 28/1, office 1, Chisinau MD-2012, Republic of Moldova, Europe
Printed at: see last page
ISBN: 978-620-7-71824-5

ÍNDICE

RESUMO

A intersecção entre os avanços técnicos e a liderança ética tornou-se um ponto fulcral no atual ambiente empresarial, influenciando a dinâmica organizacional e as ligações com as partes interessadas. Este artigo de estudo examina a difícil relação entre a liderança ética e o rápido avanço da tecnologia, explorando a forma como os líderes gerem eficazmente os desafios morais e estabelecem a confiança numa era dominada pelas inovações digitais. Tendo em conta o impacto transformador da tecnologia em vários sectores e a consequente redefinição dos paradigmas de liderança, os líderes são cada vez mais confrontados com uma série de dificuldades éticas. Estes desafios decorrem de preocupações relacionadas com a privacidade dos dados, os enviesamentos inerentes aos algoritmos e as implicações éticas associadas à automatização. Este estudo investiga a extensão e adaptação dos valores fundamentais da liderança ética, como a honestidade, a transparência e a empatia, de modo a relacioná-los com os requisitos impostos pelos avanços tecnológicos.

Este artigo sublinha o significado duradouro dos princípios éticos na condução de comportamentos de liderança, examinando importantes teorias de liderança, incluindo a liderança transformacional, servil e genuína. Os estudos de caso do mundo real servem como exemplos concretos que demonstram as vantagens reais da liderança ética no cultivo da confiança numa vasta gama de partes interessadas, incluindo funcionários, clientes e investidores. Além disso, o documento fornece uma visão geral das formas que os líderes podem empregar para negociar com sucesso o complexo terreno das considerações éticas apresentadas pelos avanços técnicos. As soluções mencionadas incluem a implementação de formação ética contínua, a promoção de uma comunicação transparente e a incorporação de considerações éticas nos processos de tomada de decisão relacionados com a tecnologia.

Palavras-chave: Liderança, Negócios, Organização, Inovação

1) LIDERANÇA NA ERA ACTUAL

Numa abordagem caracterizada por um avanço técnico incessante e por uma rápida metamorfose digital, o domínio da liderança tem sido confrontado com desafios e perspectivas sem paralelo. Face aos avanços tecnológicos, as empresas e as sociedades estão a sofrer transformações significativas. Consequentemente, os líderes são confrontados com o desafio de guiar as suas organizações através de terrenos desconhecidos, enfrentando intrincados dilemas éticos e esforçando-se por cultivar a confiança e a estabilidade. Este estudo de investigação explora a ligação entre a liderança ética e a era dos desenvolvimentos tecnológicos, fornecendo informações sobre a relação complexa que surge quando os princípios éticos que orientam a liderança se cruzam com as vastas possibilidades oferecidas pela tecnologia.

O advento dos avanços técnicos, exemplificado pelo progresso significativo na inteligência artificial, automação, análise de dados e tecnologia blockchain, provocou uma mudança de paradigma em vários sectores, apresentando oportunidades sem precedentes de expansão e metamorfose. Simultaneamente, estes avanços deram origem a uma série de preocupações éticas que requerem a atenção dos líderes. A utilização de grandes quantidades de dados dá origem a preocupações sobre a violação da privacidade e a utilização justa, enquanto os sistemas algorítmicos que orientam os processos de tomada de decisão contemporâneos criam enviesamentos que podem ter implicações sociais significativas. Ao mesmo tempo, a rápida mecanização de tarefas anteriormente executadas por mão de obra humana dá origem ao dilema ético da deslocação de postos de trabalho.

Neste ambiente particular, a liderança ética assume um papel crucial como mecanismo de orientação para as organizações navegarem no intrincado panorama dos avanços tecnológicos, assegurando simultaneamente a preservação de ideais morais essenciais. A liderança ética, enraizada em conceitos fundamentais como a honestidade, a responsabilidade, a transparência e a empatia, ultrapassa as fronteiras convencionais. É necessário que os líderes utilizem estes valores quando navegam no complexo domínio da tomada de decisões influenciada pela tecnologia. Por conseguinte, a liderança ética não só estabelece uma base moral para os comportamentos individuais e colectivos, como também funciona como um mecanismo para promover a confiança entre as partes interessadas.

Várias teorias de liderança ética fornecem enquadramentos para a compreensão da complexa relação entre ética e tecnologia. Estas teorias incluem a liderança transformacional, que promove a inspiração e o crescimento; a liderança servidora, que enfatiza a empatia e o serviço; e a liderança autêntica, que se centra na transparência e na auto-consciência. Estas ideias realçam a importância duradoura das considerações éticas na influência dos comportamentos de liderança, garantindo que as melhorias tecnológicas se alinham com os imperativos éticos.

Através de uma análise de estudos de caso empíricos, este estudo visa elucidar as experiências de organizações que incluíram efetivamente princípios de liderança ética nas suas estratégias tecnológicas. Prevê-se que os resultados desta integração se manifestem em vantagens concretas, incluindo o aumento da reputação da marca, a promoção da lealdade das partes interessadas e a facilitação do crescimento sustentável. Além disso, exploraremos as tácticas que os líderes podem utilizar para alcançar com êxito um equilíbrio harmonioso entre as considerações éticas e a promessa da tecnologia, abrindo assim o caminho para uma inovação que não é apenas tecnologicamente sofisticada, mas também eticamente consciente.

A rápida evolução do panorama tecnológico trouxe um novo significado ao conceito de liderança ética. O principal objetivo deste estudo é melhorar a compreensão do papel da liderança ética na navegação dos numerosos desafios morais apresentados pelo progresso tecnológico nas organizações. Através de uma análise das tácticas utilizadas pelos líderes éticos, o nosso objetivo é lançar luz sobre uma trajetória que conduz a um futuro caracterizado pela coexistência harmoniosa da inovação e da ética. Esta trajetória irá moldar organizações que possuem simultaneamente proficiência tecnológica e uma forte base ética.

2.2) Os dilemas éticos na esteira da inovação

No entanto, a atração pelo progresso é acompanhada por dilemas morais que exigem uma liderança perspicaz. Os dilemas éticos associados à aplicação da tecnologia, nomeadamente a tomada de decisões baseada em dados, abrangem preocupações relacionadas com a privacidade, a segurança e a parcialidade. As vantagens da automatização em termos de maior eficiência e maior precisão são compensadas por dilemas éticos relacionados com a deslocação dos trabalhadores e o impacto equitativo na sociedade. A proliferação da tecnologia facilitou um elevado grau de interconexão entre as organizações, tornando-as assim susceptíveis a vulnerabilidades de cibersegurança que podem ter ramificações significativas e de grande alcance. No ambiente empresarial contemporâneo, os líderes organizacionais são confrontados com um conjunto complexo de considerações éticas que devem ser cuidadosamente negociadas com o imperativo de promover a inovação.

2.3) A evolução da liderança no meio das correntes tecnológicas

No quadro destas tendências tecnológicas, a liderança vive um processo de transição. A evolução das considerações éticas implica uma mudança de preocupações periféricas para imperativos centrais. Os líderes têm a responsabilidade não só de formular uma visão estratégica, mas também de assegurar a gestão ética das implementações técnicas. A importância da liderança ética é fundamental para garantir que os avanços tecnológicos estejam de acordo com os ideais morais. A integridade, a transparência e a responsabilidade são atributos fundamentais da liderança ética que devem ser perfeitamente integrados no processo de tomada de decisões tecnológicas. A importância das teorias de liderança ética, como a liderança transformacional que promove a mudança e a liderança genuína baseada em ideais morais, é reforçada quando os líderes se debatem com os dilemas éticos colocados pelos avanços tecnológicos.

2.4) Convergência da ética e da tecnologia: Um imperativo de liderança

A relação complexa entre o progresso técnico e a orientação ética realça a necessidade de uma estratégia abrangente que harmonize a inovação e a responsabilidade. Para alcançar o sucesso organizacional, os executivos devem utilizar eficazmente a tecnologia e, ao mesmo tempo, ter em conta as considerações éticas para fomentar a confiança entre as partes interessadas. As secções subsequentes deste artigo académico exploram as tácticas e os modelos que o líder ético pode utilizar para navegar nestas circunstâncias intrincadas, estabelecendo, em última análise, uma trajetória em que as considerações éticas e os avanços tecnológicos se cruzam harmoniosamente, cultivando um clima de confiança e responsabilidade numa era caracterizada por transformações rápidas.

3) Liderança ética: Conceitos e Teorias

A base de uma liderança eficaz centra-se na ética, com a integridade, a transparência e a responsabilidade moral a servirem de princípios orientadores fundamentais. Numa era caracterizada pelo rápido progresso tecnológico, a importância da liderança ética ultrapassa a mera obrigação moral, servindo como elemento crucial para navegar eficazmente nos intrincados terrenos éticos que surgem a par da inovação. A secção seguinte explora os conceitos e teorias fundamentais da liderança ética, destacando a forma como estes quadros são aplicáveis face aos rápidos avanços da tecnologia.

3.1) Definição de Liderança Ética

A liderança ética ultrapassa o seu âmbito tradicional para abranger uma abordagem abrangente que integra factores técnicos. No cerne da liderança ética está uma dedicação inabalável à adesão a uma conduta baseada em princípios, em que os líderes demonstram e incorporam crenças éticas através dos seus comportamentos. Os princípios fundamentais da liderança ética abrangem a transparência na comunicação, a justiça na tomada de decisões e a empatia nas interacções. No entanto, no domínio da tomada de decisões influenciada pela tecnologia, a interpretação e a aplicação destas normas éticas sofrem novos aspectos.

3.2) O papel da liderança transformacional na promoção da inovação ética

A teoria da liderança transformacional, que é bem reconhecida, ganhou uma importância acrescida no contexto da liderança ética à luz dos avanços tecnológicos. Os líderes que adoptam uma abordagem transformacional têm a capacidade de inspirar e entusiasmar as suas equipas, encorajando-as a ultrapassar as expectativas pré-determinadas e a fomentar uma cultura de criatividade. Na era do rápido progresso tecnológico, esta ideia adquire uma função dualista. Para além de impulsionar a inovação tecnológica nas organizações, também transmite princípios éticos que regem estes progressos. Um líder transformacional utiliza efetivamente a tecnologia como um meio de inovação ética, promovendo o desenvolvimento de soluções inventivas que estejam de acordo com os padrões éticos.

3.3) O conceito de liderança servil: Abordar os desafios éticos

O conceito de liderança servidora, que coloca a tónica na empatia e no compromisso de servir os outros, apresenta-se como um quadro ético robusto quando confrontado com as complexidades trazidas pela tecnologia. Esta ideia enfatiza a importância de compreender as exigências das partes interessadas e de tomar medidas que vão ao encontro dos seus melhores interesses. No domínio da tecnologia, os líderes servidores demonstram um compromisso com o bem-estar dos empregados, dos clientes e da sociedade em geral, assegurando que as implementações técnicas estão alinhadas com objectivos éticos. Com o advento dos avanços tecnológicos, surgem novos dilemas éticos e os líderes servidores possuem as competências necessárias para navegar eficazmente nestas complexidades, colocando uma maior ênfase no elemento humano no processo de tomada de decisões.

3.4) O significado da liderança autêntica em relação à ética e à auto-consciência

A importância da liderança autêntica é ampliada face aos avanços tecnológicos que colocam desafios aos padrões éticos tradicionais. Esta forma de liderança baseia-se na auto-consciência, na transparência e na adesão a valores éticos. Num contexto caracterizado por preocupações prevalecentes sobre a privacidade dos dados, preconceitos algorítmicos e ramificações sociais, os líderes genuínos envolvem-se na introspeção para discernir as suas responsabilidades éticas. A liderança autêntica vai além das considerações superficiais, mergulhando nas complexidades éticas associadas à adoção da tecnologia. Estes líderes servem de exemplo de conduta ética, ilustrando a interligação entre a genuinidade individual e a gestão responsável da tecnologia.

3.5) A adaptação das teorias no contexto da era digital

A convergência das teorias da liderança ética e da tecnologia exige um ajustamento para se alinhar com as complexidades da era digital. É imperativo que os líderes incorporem efetivamente estes quadros no processo de tomada de decisões tecnológicas, com o objetivo de alcançar um equilíbrio entre a promoção da inovação e a defesa das responsabilidades éticas. A liderança transformacional é uma força motriz por detrás do progresso da tecnologia, uma vez que funciona em conjunto com ideais éticos. Por outro lado, a liderança servil gere eficazmente situações complexas, colocando a tónica no bem-estar das partes interessadas. A liderança autêntica, por seu lado, serve de força orientadora para os líderes na sua busca de deliberações éticas introspectivas. Ao integrarem estas teorias, os líderes estabelecem um quadro moral que não só facilita o avanço tecnológico, como também fomenta a confiança entre as partes interessadas.

No núcleo de uma liderança eficaz está o alicerce da ética, onde a integridade, a transparência e a responsabilidade moral servem de princípios orientadores. Numa época marcada por avanços tecnológicos, a liderança ética torna-se não só um imperativo moral, mas também um elemento fundamental para navegar nas complexas paisagens éticas que acompanham a inovação. Esta secção aprofunda os conceitos e teorias fundamentais da liderança ética, esclarecendo como estas estruturas se adaptam aos desafios colocados pela rápida evolução tecnológica.

4) Estabelecer a confiança através de uma liderança ética

No domínio dinâmico do progresso tecnológico, a liderança ética surge como uma base fiável, cultivando a confiança entre muitas partes interessadas e reforçando a resiliência das organizações. No contexto dos avanços tecnológicos, é crucial que as organizações estabeleçam e mantenham efetivamente a confiança. A liderança ética funciona como um farol orientador, fornecendo orientação para a resolução de dilemas éticos, promovendo a abertura e a responsabilização e fomentando ligações duradouras. Esta secção explora o impacto significativo da liderança ética na promoção da confiança no intrincado panorama do progresso tecnológico.

4.3) O processo ético de tomada de decisões: Um catalisador para estabelecer a confiança

A prática da liderança ética, que é apoiada por uma tomada de decisão baseada em princípios, promove um sentimento de confiança entre as partes interessadas. Quando os líderes dão mais importância aos padrões éticos do que à conveniência, as partes interessadas apercebem-se da sua dedicação ao bem-estar a longo prazo. A incorporação de considerações éticas no processo de tomada de decisões tecnológicas serve para reforçar a confiança, dando às partes interessadas a garantia de que os desenvolvimentos são efectuados de uma forma eticamente responsável, salvaguardando simultaneamente os interesses sociais e os direitos das partes interessadas. Os líderes éticos assumem o papel de guardiões da confiança, manobrando habilmente o delicado equilíbrio entre a promoção da inovação e o cumprimento das obrigações éticas.

4.4) Estudos de caso que ilustram o papel da liderança ética na promoção da confiança

Várias organizações servem de exemplo da interligação entre a liderança ética, o estabelecimento de confiança e os avanços tecnológicos. Os estudos de caso são exemplos que demonstram como os líderes éticos incorporaram efetivamente considerações éticas na sua estratégia técnica. Estes líderes ultrapassaram a mera adesão aos regulamentos, integrando princípios éticos no tecido das suas culturas organizacionais. Casos ilustrativos englobam situações em que foram tomadas medidas proactivas para abordar preocupações relativas à privacidade dos dados, foram minimizados os enviesamentos inerentes aos algoritmos e foi preservado um compromisso com a transparência. Estes esforços conduziram a um aumento da confiança e da lealdade entre as partes interessadas.

4.5) Cultivar a lealdade das partes interessadas: Os benefícios da liderança ética

Os benefícios decorrentes da liderança ética na era da tecnologia vão para além do mero aumento da reputação. As organizações que aderem a valores éticos têm mais probabilidades de obter maiores níveis de lealdade, envolvimento e compromisso a longo prazo por parte das partes interessadas. Nesses contextos, existe uma maior probabilidade de os empregados se sentirem motivados e demonstrarem um comportamento inventivo. Além disso, os clientes tendem a demonstrar maior lealdade, enquanto os investidores estão mais dispostos a assumir compromissos financeiros a longo prazo. A liderança ética desempenha um papel fundamental na promoção do sucesso sustentável, uma vez que as organizações assentam na confiança como um pilar fundamental.

4.6) Cultivar a confiança na era tecnológica

Num ambiente em constante mudança, em que os domínios da tecnologia e da ética convergem, o conceito de liderança ética assume um papel fundamental na promoção da confiança nos contextos organizacionais. Os líderes éticos estabelecem a confiança através de processos críticos como a comunicação transparente, a tomada de decisões éticas e o alinhamento dos avanços tecnológicos com os ideais éticos. No contexto dos avanços tecnológicos que estão a remodelar várias indústrias e normas culturais, o estabelecimento da confiança através da liderança ética desempenha um papel crucial na atenuação dos efeitos da incerteza e da mudança. As partes subsequentes deste artigo académico irão explorar abordagens práticas que os líderes podem empregar para resolver eficazmente os dilemas éticos, promovendo assim a confiança e estabelecendo as organizações como entidades estáveis no meio do rápido progresso tecnológico.

5) Abordagens à liderança ética na era do avanço tecnológico

Os líderes devem adotar uma abordagem estratégica para navegar eficazmente na intrincada intersecção de considerações éticas e no ritmo acelerado do avanço técnico. Na era contemporânea dos avanços tecnológicos, a prática da liderança ética implica mais do que uma mera compreensão teórica. Exige a implementação de abordagens práticas que sincronizem efetivamente a inovação com as obrigações morais. Na tentativa de tirar partido dos desenvolvimentos técnicos e, ao mesmo tempo, manter os padrões éticos, os executivos são obrigados a implementar um quadro proactivo de métodos que conciliem eficazmente o crescimento com a integridade. Esta parte apresenta uma panorâmica abrangente de tácticas essenciais para a liderança ética que foram especificamente adaptadas para responder aos desafios e requisitos únicos da era digital.

5.1) Formação contínua em matéria de ética

A liderança ética é uma noção dinâmica que exige uma dedicação contínua à aprendizagem e à manutenção da consciencialização. É imperativo que os líderes participem proactivamente em programas de formação ética que lhes forneçam as competências necessárias para negociar eficazmente as complexidades associadas aos dilemas éticos decorrentes dos avanços tecnológicos. Workshops, seminários e sessões de formação centrados no desenvolvimento de preocupações éticas, como a privacidade dos dados, os preconceitos algorítmicos e a cibersegurança, servem para equipar os líderes com os conhecimentos e as competências necessárias para tomarem decisões bem informadas e responsáveis num ambiente em rápida mudança.

5.2) Incorporação de considerações éticas no processo de tomada de decisões

A eficácia da liderança ética vai para além da mera retórica, uma vez que implica a integração perfeita das questões éticas no processo de tomada de decisões. Ao efetuar uma avaliação dos investimentos técnicos, é imperativo que os líderes considerem não só os possíveis benefícios, mas também as ramificações éticas associadas a esses investimentos. A implementação de um quadro ético estruturado que rege a tomada de decisões tecnológicas, abrangendo as preocupações das partes interessadas, as ramificações sociais e os efeitos duradouros, garante que a inovação mantém a adesão às normas éticas.

5.3) Promover a colaboração interfuncional

Os aspectos éticos da tecnologia ultrapassam frequentemente os departamentos individuais, necessitando de colaboração entre várias funções. É imperativo que os líderes cultivem um ambiente que promova a colaboração interfuncional, em que indivíduos com conhecimentos especializados de muitas disciplinas colaborem para examinar minuciosamente as ramificações éticas dos empreendimentos técnicos. A utilização de uma abordagem colaborativa neste contexto garante a avaliação exaustiva das considerações éticas e capitaliza os conhecimentos e competências combinados de profissionais de vários departamentos, tais como jurídico, TI, RH e outras áreas pertinentes.

5.4) Aplicação de normas éticas transparentes

É imperativo que os líderes desenvolvam e implementem normas claras e transparentes que elucidem a posição da organização sobre questões éticas no domínio da tecnologia. As recomendações devem abranger assuntos como a proteção da privacidade dos dados, a garantia de equidade algorítmica e a promoção de uma automatização responsável. Regras éticas transparentes estabelecem expectativas explícitas para os funcionários e partes interessadas, fornecendo orientações para a sua conduta e tomada de decisões no contexto da tecnologia.

5.5) Adotar as auditorias éticas e as avaliações de impacto

A prática da liderança ética exige uma postura proactiva na avaliação das consequências das escolhas tecnológicas. As auditorias éticas regulares e as avaliações de impacto têm a capacidade de detetar desafios potenciais, susceptibilidades éticas e ramificações imprevistas. Os líderes podem abordar proactivamente as preocupações éticas para mitigar a sua escalada, assegurando assim que as iniciativas impulsionadas pela tecnologia estão em conformidade com o quadro ético da organização.

5.6) Promover a denúncia de irregularidades e facilitar o diálogo aberto

É imperativo que os líderes cultivem um ambiente que permita a expressão de questões éticas sem a apreensão de enfrentar acções de retaliação. A promoção de uma cultura que fomente o envolvimento dos funcionários na comunicação de suspeitas de infracções éticas relacionadas com a tecnologia serve como medida preventiva contra a ocorrência de práticas não éticas. A participação em debates abertos sobre problemas éticos promove uma atmosfera de responsabilidade e reforça a dedicação da organização à liderança ética.

5.7) Exemplificando uma conduta ética

Sem dúvida, a abordagem mais influente é a de os líderes demonstrarem pessoalmente um comportamento ético. Quando os líderes demonstram continuamente transparência, honestidade e tomada de decisões éticas, estabelecem um precedente significativo para toda a organização. Há uma maior propensão para os empregados adoptarem uma conduta ética quando observam os seus líderes a exemplificarem ativamente estes ideais.

5.8) Explorando o avanço da liderança ética na era da digitalização

Num período contemporâneo caracterizado por rápidos avanços técnicos, a importância da liderança ética torna-se cada vez mais primordial. Os líderes podem efetivamente atravessar o complexo cenário ético da tecnologia adoptando estas tácticas, cultivando assim um ambiente que promove tanto a inovação como a integridade. A liderança ética, que é apoiada por abordagens práticas, serve para proteger as organizações de potenciais danos à sua reputação. Além disso, permite que as organizações se estabeleçam como guardiãs responsáveis do progresso, ganhando assim a confiança e a lealdade das partes interessadas na era da evolução tecnológica. As secções seguintes deste artigo académico irão explorar a intrincada convergência da liderança ética e da tecnologia, fornecendo perspectivas valiosas sobre implementações práticas e factores a ter em conta.

6) Perspectivas para o futuro: Equilíbrio entre inovação e ética

A trajetória contínua dos avanços técnicos apresenta uma dinâmica complexa entre inovação e questões éticas, que moldará o futuro terreno da liderança ética. O rápido avanço da tecnologia coloca várias perspectivas e obstáculos, exigindo que os líderes concebam um estado de coexistência equilibrado entre o avanço e as obrigações éticas. Esta parte examina as complexas perspectivas futuras, investigando a dinâmica de mudança da liderança ética no contexto de uma sociedade cada vez mais orientada para a tecnologia.

6.1) Prever os dilemas éticos colocados pelas tecnologias emergentes

O futuro apresenta uma combinação de promessa e incerteza, uma vez que a tecnologia em desenvolvimento remodela muitas indústrias e convenções sociais. À medida que os líderes éticos contemplam o futuro, é-lhes exigido que antecipem proactivamente os dilemas éticos que podem surgir das tecnologias emergentes que estão prestes a tornar-se amplamente aceites e utilizadas. Prevê-se que a inteligência artificial, a biotecnologia, a computação quântica e a realidade aumentada dêem início a novas fronteiras, acompanhadas de dilemas éticos emergentes que os líderes devem estar preparados para enfrentar. É vital que estes líderes reconheçam ativamente possíveis questões éticas e estabeleçam políticas que associem as potenciais vantagens destas tecnologias a imperativos éticos.

6.2) Assegurar a proteção das considerações éticas face à transformação tecnológica

A necessidade de gerir eficazmente a natureza dinâmica dos avanços tecnológicos, mantendo os padrões éticos, exige uma estratégia proactiva que garanta a preservação dos princípios éticos ao longo da evolução do panorama tecnológico. É imperativo que os líderes promovam ativamente a implementação de salvaguardas éticas capazes de se adaptarem eficazmente ao rápido progresso da tecnologia. Isto pode implicar a implementação de quadros jurídicos, normas industriais e directrizes éticas que garantam a ocorrência de inovação dentro de parâmetros éticos. Os líderes éticos têm a capacidade de exercer influência sobre o avanço e a aplicação da tecnologia, facilitando assim a aceitação e a integração de princípios éticos num contexto em rápida evolução.

6.3) Promover o desenvolvimento de líderes éticos para a próxima geração

O avanço da liderança ética no futuro depende da oferta de educação e da formação de um novo grupo de líderes capazes de navegar habilmente nas muitas dimensões éticas da tecnologia. É imperativo que as instituições de ensino e os programas de formação das empresas incorporem considerações éticas no processo de desenvolvimento da liderança. Isto é essencial para educar os líderes emergentes com as capacidades necessárias para tomar decisões eticamente correctas no contexto de uma sociedade orientada para a tecnologia. A implementação deste método proactivo garante o estabelecimento da liderança ética como uma prática profundamente enraizada e duradoura, ultrapassando o impacto das transições geracionais.

6.4) O papel da ética na obtenção de vantagens competitivas

Espera-se que o conceito de liderança ética deixe de ser uma obrigação moral e passe a ser um fator estratégico que distingue as organizações dos seus concorrentes. As organizações que conseguem alcançar com êxito um equilíbrio harmonioso entre inovação e considerações éticas não só são capazes de conquistar a confiança das suas partes interessadas, como também podem ganhar uma vantagem competitiva. A presença de uma liderança ética tem um papel significativo na formação da reputação da marca, exercendo influência sobre as preferências dos consumidores e as opiniões dos investidores. As organizações que são capazes de exibir práticas éticas impulsionadas pela tecnologia têm mais probabilidades de recrutar pessoal de topo, estabelecer relações mais sólidas e registar um crescimento a longo prazo.

6.5) A busca de uma inovação tecnológica ética

Tendo em conta a transformação em curso de várias indústrias pela tecnologia, a presença de líderes éticos será crucial para orientar a inovação para objectivos éticos. A tarefa em questão envolve a utilização efectiva de todas as capacidades da tecnologia, ao mesmo tempo que se respeitam os princípios éticos. Os líderes éticos tendem a defender a adoção de tecnologias que respondam eficazmente a preocupações sociais urgentes, melhorem o nível de vida geral e promovam práticas sustentáveis. Para atingir este equilíbrio, é necessária uma compreensão perspicaz tanto do meio tecnológico como das ramificações éticas que este implica.

6.6) Navegando em águas desconhecidas com liderança ética

O futuro das organizações numa era de mudanças rápidas será moldado pela interação simbiótica entre a liderança ética e os avanços técnicos. Os líderes que possuem a capacidade de integrar eficazmente a inovação e a ética desempenharão um papel fundamental na formação do discurso em torno do progresso. Ao fazê-lo, garantirão que o avanço da tecnologia está de acordo com o bem-estar da sociedade. Com a contínua expansão das fronteiras técnicas, a importância da liderança ética torna-se cada vez mais evidente. A liderança ética serve de princípio orientador para as organizações, assegurando que a inovação não está apenas associada ao progresso, mas também à responsabilidade, honestidade e influência duradoura. As últimas partes deste estudo de investigação integrarão os resultados apresentados, fornecendo um ponto de vista abrangente sobre o significado da liderança ética numa era caracterizada por avanços tecnológicos.

7) Conclusão

No domínio em constante evolução da gestão contemporânea, a interação entre a liderança ética e o avanço técnico surgiu como um fator fundamental e influente. Perante os avanços tecnológicos que transformam muitos sectores e normas sociais, a presença de uma liderança ética torna-se crucial para as organizações navegarem em territórios inexplorados. A fusão da inovação e da ética exige que os líderes assimilem as teorias éticas existentes, apoiadas por uma formação contínua, uma comunicação aberta e honesta e uma tomada de decisões cooperativa.

Os líderes éticos assumem um papel crucial no estabelecimento e na manutenção da confiança, bem como na resolução de questões relacionadas com a privacidade dos dados, preconceitos algorítmicos e outros obstáculos relacionados. Antecipando os desenvolvimentos futuros, é imperativo que os indivíduos e as organizações tomem medidas proactivas para enfrentar eficazmente os dilemas éticos que surgem da tecnologia em evolução. Além disso, é crucial incluir considerações éticas no processo de inovação.

A liderança ética constitui a base fundamental para promover um avanço responsável. Através da integração da ética e da tecnologia, os líderes estabelecem um caminho para um futuro caracterizado pela coexistência da inovação e da integridade. Esta integração facilita o desenvolvimento da confiança, da sustentabilidade e de um ambiente tecnologicamente avançado que defende os princípios morais.

8) Referências

- Sama, L. M., & Shoaf, V. (2008). Liderança ética para as profissões: Fostering a moral community. Journal of Business Ethics, 78, 39-46.

- Cortellazzo, L., Bruni, E., & Zampieri, R. (2019). O papel da liderança num mundo digitalizado: Uma revisão. *Fronteiras em psicologia, 10*, 1938.

- Shapiro, J. P., & Stefkovich, J. A. (2016). *Liderança ética e tomada de decisões na educação: Aplicação de perspectivas teóricas a dilemas complexos*. Routledge.

- Bellingham, R. (2003). *Liderança ética: Rebuilding trust in corporations*. Desenvolvimento de Recursos Humanos.

- Arshad, M., Abid, G., & Torres, F. V. C. (2021). Impacto da motivação pró-social no comportamento de cidadania organizacional: O papel mediador da liderança ética e da troca líder-membro. *Quality & Quantity, 55,* 133-150.

- Hameed, Z., Naeem, R. M., Mishra, P., Chotia, V., & Malibari, A. (2023). Liderança ética e desempenho ambiental: O papel do capital de TI verde, inovação em tecnologia verde e orientação tecnológica. *Technological Forecasting and Social Change, 194*, 122739.

- Kabbani, S., Karkoulian, S., Balozian, P., & Rizk, S. (2022). O impacto da liderança ética, do compromisso e das práticas saudáveis/seguras no local de trabalho na atitude dos funcionários em relação à vacinação/implantação da COVID-19 no sector bancário no Líbano. *Vaccines, 10*(3), 416.

- Soeardi, E. K., Ilhami, R., & Achmad, W. (2023). The Role of Leadership in the Development of Public Organizations [O papel da liderança no desenvolvimento das organizações públicas]. *Journal of Governance*, 7(4), 877-884.

- Bahzar, M. (2019). Efeitos da liderança transformacional e ética verde na criatividade verde, eco-inovação e eficiência energética no sector do ensino superior da Indonésia.

- Bhatti, S. H., Kiyani, S. K., Dust, S. B., & Zakariya, R. (2021). O impacto da liderança ética no sucesso do projeto: o papel mediador da confiança e da partilha de conhecimentos. *Jornal Internacional de Gestão de Projectos em Negócios*, *14*(4), 982-998.

- Jin, Y., Lu, N., Deng, Y., Lin, W., Zhan, X., Feng, B., & Li, G. (2023). Tornando-se relutante em compartilhar? Papéis da idade da carreira e do platô da carreira na relação entre liderança ética e compartilhamento de conhecimento. *Current Psychology*, 1-13.

- Marques, J. (2017). *Liderança ética: Progredir com uma bússola moral.* Routledge.

- Brown, M. E., Trevino, L. K., & Harrison, D. A. (2005). Ethical leadership: A social learning perspective for construct development and testing. *Organizational behavior and human decision processes*, *97*(2), 117-134.

- Bhatta, N. (2021). Desafios éticos emergentes da liderança na era digital: uma revisão da literatura multi-vocal. *Revista Eletrónica de Ética Empresarial e Estudos Organizacionais, 26*(1).

- Ochara, N. M. (2013). Liderança para a era eletrónica: rumo a uma ontologia sociotécnica da liderança orientada para o desenvolvimento: cenário. *Revista Africana de Informação e Comunicação, 2013*(13), 1-12.

- Ullah, I., Hameed, R. M., Kayani, N. Z., & Fazal, Y. (2022). Liderança ética do CEO e responsabilidade social corporativa: Examinando o papel mediador da cultura ética organizacional e do capital intelectual. *Journal of Management & Organization, 28*(1), 99-119.

- Tenuto, P. L., & Gardiner, M. E. (2018). Dimensões interativas para a liderança: Uma revisão integrativa da literatura e um modelo para promover a práxis da liderança ética numa sociedade global. *Revista Internacional de Liderança em Educação, 21*(5), 593-607.

- Sergiovanni, T. J. (1992). Moral leadership. *Boletim NASSP, 76*(547), 121121.

- Banwart, M. (2020). Estudos de comunicação: Uma comunicação eficaz conduz a uma liderança eficaz. *Novas direcções para a liderança estudantil, 2020*(165), 87-97.

- DEMIRTAS, O., & KARACA, M. (2020). CAPÍTULO TRÊS LIDERANÇA ÉTICA. *Um Manual de Estilos de Liderança*, 60.

- Kasemsap, K. (2016). O papel da liderança ética em organizações éticas: A literature review. *Liderança e Gestão de Pessoas: Conceitos, Metodologias, Ferramentas e Aplicações*, 1406-1430.

- Chuang, M. Y. (2016). Liderança ética eletrónica: A preliminary research framework. *American Journal of Information Technology, 6 (1)*, 17-34.

- Muganda, N. O. (2013). Liderança para a era eletrónica: para uma ontologia sociotécnica da liderança orientada para o desenvolvimento: cenário.

- Rube, M. S. (2023). *Uma aplicação de fundamentos e estruturas de liderança ética no ensino secundário: Promovendo o acesso e a excelência para nossa próxima geração* (dissertação de doutorado, Universidade St. Thomas).

- Wright, B. E., Hassan, S., & Park, J. (2016). Uma ética de serviço público incentiva o comportamento ético? Public service motivation, ethical leadership and the willingness to report ethical problems. *Administração Pública, 94*(3), 647-663.

- Rube, M. S. (2023). *Uma aplicação de fundamentos e estruturas de liderança ética no ensino médio: Avançando o acesso e Excellence for Our Next Generation* (Dissertação de doutoramento, Universidade de St. Thomas).

- Megheirkouni, M., & Weir, D. (2023, julho). O Papel da Interação Tecnologia-Liderança Ética na Minimização de Actos Não Éticos: Implicações para a pesquisa e a prática. Na *Conferência Internacional sobre Interação HumanoComputador* (pp. 53-65). Cham: Springer Nature Switzerland.

- Wang, V., & Johnson, N. (2020). Ética no trabalho, influência da liderança e ensino superior. In *Handbook of Research on Ethical Challenges in Higher Education Leadership and Administration* (pp. 112-130). IGI Global.

- Pizlo, W. (2023). 7 Liderança, criatividade e confiança. *Comunicação, Liderança e Confiança nas Organizações.*

- Yang, L., & Liu, H. (2022). O impacto da liderança ética no comportamento de inovação verde dos funcionários: A Mediating-Moderating Model. *Frontiers in Psychology*, *13*, 951861.

- Warnell, J. M. (2015). *Envolver os millennials na liderança ética: What works for young professionals and their managers.* Imprensa especializada em negócios.

- Maheshwari, S. K., & Yadav, J. (2020). Liderança na era digital: paradigmas e desafios emergentes. *Revista Internacional de Negócios e Globalização*, *26*(3), 220-238.

- Warnell, J. M. (2015). *Envolver os millennials na liderança ética: What works for young professionals and their managers*. Imprensa especializada em negócios.

- Jameson, J. (2014, junho). Por que razão precisamos de liderança e confiança distribuídas e transformacionais na quinta era dos media e da tecnologia educativa. Em *EdMedia+ Innovate Learning* (pp. 14-28). Associação para o Avanço da Informática na Educação (AACE).

- Gathenya, L. W. (2019). Liderança ética e desempenho do programa no contexto do desenvolvimento comunitário: A Review of Literature.

Buy your books fast and straightforward online - at one of world's fastest growing online book stores! Environmentally sound due to Print-on-Demand technologies.

Buy your books online at
www.morebooks.shop

Compre os seus livros mais rápido e diretamente na internet, em uma das livrarias on-line com o maior crescimento no mundo! Produção que protege o meio ambiente através das tecnologias de impressão sob demanda.

Compre os seus livros on-line em
www.morebooks.shop